崧燁文化

曹永忠、許智誠、蔡英德 著

U0082177

雲端平台
(系統開發基礎篇)

The Tiny Prototyping System Development
based on QNAP Solution

自序

工業 4.0 系列的書是我出版至今六年多，第四本進入工業控制領域的電子書，當初出版電子書是希望能夠在教育界開一些 Maker 自造者相關的課程，沒想到一寫就已過六年多，繁簡體加起來的出版數也已也破百本的量，這些書都是我學習當一個 Maker 累積下來的成果。

這本書可以說是我開始將產業技術揭露給學子一個開始點，其實筆者從大學畢業後投入研發、系統開發的職涯，工作上就有涉略工業控制領域，只是並非專注在工業控制領域，但是工業控制一直是一個非常實際、又很 Fancy 的一個研發園地，因為這個領域所需要的專業知識是多方面且跨領域，不但軟體需要精通，硬體也是需要有相當的專業能力，還需要熟悉許多工業上的標準與規範，這樣的複雜，讓工業控制領域的人才非常專業分工，而且許多人數十年的專業都專精於固定的專門領域，這樣的現象，讓整個工業控制在數十年間發展的非常快速，而且深入的技術都建立在許多先進努力基礎上，這更是工業控制的強大魅力所在。

筆者鑒於這樣的困境，思考著『如何讓更多領域的學習者進入工業控制的園地』的思維，便拋磚引玉起個頭，開始野人獻曝攢寫工業 4.0 系列的書，主要的目的不是與工業控制的先進們較勁，而是身為教育的園丁，希望藉著筆者小小努力，任更多有心的新血可以加入工業 4.0 的時代。

本系列的書籍，鑒於筆者有限的知識，一步一步慢慢將我的一些思維與經驗，透過現有產品的使用範例，結合筆者物聯網的經驗與思維，再透過簡單易學的 Arduino 單晶片/Ameba 8195 AM 等相關開發版與 C 語言，透過一些簡單的例子，進而揭露工業控制一些簡單的思維、開發技巧與實作技術。如此一來，學子們有機會進入『工業控制』，在未來『工業 4.0』時代來臨，學子們有機會一同與新時代並進，進而更踏實的進行學習。

　　最後，請大家能一同分享『工業控制』、『物聯網、『系統開發』等獨有的經驗，一起創造世界。

曹永忠　於貓咪樂園

自序

記得自己在大學資訊工程系修習電子電路實驗的時候，自己對於設計與製作電路板是一點興趣也沒有，然後又沒有天分，所以那是苦不堪言的一堂課，還好當年有我同組的好同學，努力的照顧我，命令我做這做那，我不會的他就自己做，如此讓我解決了資訊工程學系課程中，我最不擅長的課。

當時資訊工程學系對於設計電子電路課程，大多數都是專攻軟體的學生去修習時，系上的用意應該是要大家軟硬兼修，尤其是在台灣這個大部分是硬體為主的產業環境，但是對於一個軟體設計，但是缺乏硬體專業訓練，或是對於眾多機械機構與機電整合原理不太有概念的人，在理解現代的許多機電整合設計時，學習上都會有很多的困擾與障礙，因為專精於軟體設計的人，不一定能很容易就懂機電控制設計與機電整合。懂得機電控制的人，也不一定知道軟體該如何運作，不同的機電控制或是軟體開發常常都會有不同的解決方法。

除非您很有各方面的天賦，或是在學校巧遇名師教導，否則通常不太容易能在機電控制與機電整合這方面自我學習，進而成為專業人員。

而自從有了 Arduino 這個平台後，上述的困擾就大部分迎刃而解了，因為 Arduino 這個平台讓你可以以不變應萬變，用一致性的平台，來做很多機電控制、機電整合學習，進而將軟體開發整合到機構設計之中，在這個機械、電子、電機、資訊、工程等整合領域，不失為一個很大的福音，尤其在創意掛帥的年代，能夠自己創新想法，從 Original Idea 到產品開發與整合能夠自己獨立完整設計出來，自己就能夠更容易完全了解與掌握核心技術與產業技術，整個開發過程必定可以提供思維上與實務上更多的收穫。

Arduino 平台引進台灣自今，雖然越來越多的書籍出版，但是從設計、開發、製作出一個完整產品並解析產品設計思維，這樣產品開發的書籍仍然鮮見，尤其是能夠從頭到尾，利用範例與理論解釋並重，完完整整的解說如何用 Arduino 設計出一個完整產品，介紹開發過程中，機電控制與軟體整合相關技術與範例，如此的書籍更是付之闕如。永忠、英德兄與敝人計畫撰寫 Maker 系列，就是基於這樣對市場需要的觀察，開發出這樣的書籍。

作者出版了許多的 Arduino 系列的書籍，深深覺的，基礎乃是最根本的實力，所以回到最基礎的地方，希望透過最基本的程式設計教學，來提供眾多的 Makers 在入門 Arduino 時，如何開始，如何攥寫自己的程式，進而介紹不同的週邊模組，主要的目的是希望學子可以學到如何使用這些週邊模組來設計程式，期望在未來產品開發時，可以更得心應手的使用這些週邊模組與感測器，更快將自己的想法實現，希望讀者可以了解與學習到作者寫書的初衷。

許智誠　　於中壢雙連坡中央大學 管理學院

自序

隨著資通技術(ICT)的進步與普及，取得資料不僅方便快速，傳播資訊的管道也多樣化與便利。然而，在網路搜尋到的資料卻越來越巨量，如何將在眾多的資料之中篩選出正確的資訊，進而萃取出您要的知識？如何獲得同時具廣度與深度的知識？如何一次就獲得最正確的知識？相信這些都是大家共同思考的問題。

為了解決這些困惱大家的問題，永忠、智誠兄與敝人計畫製作一系列「Maker系列」書籍來傳遞兼具廣度與深度的軟體開發知識，希望讀者能利用這些書籍迅速掌握正確知識。首先規劃「以一個 Maker 的觀點，找尋所有可用資源並整合相關技術，透過創意與逆向工程的技法進行設計與開發」的系列書籍，運用現有的產品或零件，透過駭入產品的逆向工程的手法，拆解後並重製其控制核心，並使用 Arduino 相關技術進行產品設計與開發等過程，讓電子、機械、電機、控制、軟體、工程進行跨領域的整合。

近年來 Arduino 異軍突起，在許多大學，甚至高中職、國中，甚至許多出社會的工程達人，都以 Arduino 為單晶片控制裝置，整合許多感測器、馬達、動力機構、手機、平板...等，開發出許多具創意的互動產品與數位藝術。由於 Arduino 的簡單、易用、價格合理、資源眾多，許多大專院校及社團都推出相關課程與研習機會來學習與推廣。

以往介紹 ICT 技術的書籍大部份以理論開始、為了深化開發與專業技術，往往忘記這些產品產品開發背後所需要的背景、動機、需求、環境因素等，讓讀者在學習之間，不容易了解當初開發這些產品的原始創意與想法，基於這樣的原因，一般人學起來特別感到吃力與迷惘。

本書為了讀者能夠深入了解產品開發的背景，本系列整合 Maker 自造者的觀念與創意發想，深入產品技術核心，進而開發產品，只要讀者跟著本書一步一步研習與實作，在完成之際，回頭思考，就很容易了解開發產品的整體思維。透過這樣的思路，讀者就可以輕易地轉移學習經驗至其他相關的產品實作上。

所以本書是能夠自修的書，讀完後不僅能依據書本的實作說明準備材料來製作，盡情享受 DIY(Do It Yourself)的樂趣，還能了解其原理並推展至其他應用。有興趣的讀者可再利用書後的參考文獻繼續研讀相關資料。

　　本書的發行有新的創舉，就是以電子書型式發行，在國家圖書館(http://www.ncl.edu.tw/)、國立公共資訊圖書館 National Library of Public Information(http://www.nlpi.edu.tw/)、台灣雲端圖庫(http://www.ebookservice.tw/)等都可以免費借閱與閱讀，如要購買的讀者也可以到許多電子書網路商城、Google Books 與 Google Play 都可以購買之後下載與閱讀。希望讀者能珍惜機會閱讀及學習，繼續將知識與資訊傳播出去，讓有興趣的眾人都受益。希望這個拋磚引玉的舉動能讓更多人響應與跟進，一起共襄盛舉。

　　本書可能還有不盡完美之處，非常歡迎您的指教與建議。近期還將推出其他 Arduino 相關應用與實作的書籍，敬請期待。

　　最後，請您立刻行動翻書閱讀。

蔡英德 於台中沙鹿靜宜大學主顧樓

目 錄

工業 4.0 系列

　　本書是『工業 4.0 系列』的第四本書，書名：雲端平台(系統開發基礎篇)，主要是在工業 4.0 環境之中，需要一個雲端平台的來針對所有裝置資料進行儲存、分享、運算、分析、展示、整合運用…等廣範用途，上述這些需求，我們需要一個簡易、方便與擴展性高雲端服務。

　　筆者針對上面需求為主軸，以 QNAP 威聯通 TS-431P2-1G 4-Bay NAS 主機為標的物，開始介紹如何使用 QNAP 威聯通 TS-431P2-1G 4-Bay NAS 雲端主機，從資料庫建立，資料表規劃到網頁主機的 php 程式攢寫、資料呈現，在應用 Google 雲端資源：Google Chart 到 Google Map 等雲端資源的使用到程式系統的開發，一步一步的圖文步驟，讀者可以閱讀完後，就有能力自行開發雲端平台的應用程式。

　　本文也使用讀者熟悉的 Arduino 或其他相容開發板，來進行微型系統開發的範例，希望讀這閱讀之後，可以針對物聯網、工業 4.0 等開發系統時，針對雲端的運用，可以自行建置一個商業級的雲端系統服務，其穩定性、安裝困難度、維護成本都遠低於自行組立的主機系統，省下來的時間可以讓讀者可以專注在開發物聯網、工業 4.0 等產品有更多的心力。

　　未來筆者希望可以推出更多的入門書籍給更多想要進入『工業 4.0』『物聯網』這個未來大趨勢，所有才有這個工業 4.0』系列的產生。

1
CHAPTER

NAS 平台基本介紹

物聯網時代來臨，筆者寫過許多智慧家居的文章(曹永忠, 2015a, 2015b, 2015c, 2016a, 2016b, 2016c, 2016d, 2016e, 2016f, 2016g, 2016h, 2016j, 2017b, 2017c; 曹永忠, 許智誠, & 蔡英德, 2015a, 2015b, 2015c, 2015d, 2015g, 2016a, 2016b, 2016c, 2016d, 2018a, 2018b)，也接收到許多讀者的來信，對於資料主機建置與設定及雲端服務架設與調教仍有許多不懂之處，希望筆者可以對這些主題分享一些經驗與教學，所以先將發表主題轉到這些主題，所以筆者先介紹資料主機建置與設定，來讓許多讀者可以先行建置公司、企業、組織等可以對應的硬體需求，所謂工欲善其事，必先利其器(曹永忠, 2018c, 2018d, 2018e, 2018f)。

這幾年來，由於網路儲存大量被個人、企業、組織…所需要，加上網路安全與安全監控迫切需要，產生許多各式各樣的警監系統供應整個市場需求，而警監系統的核心需要也是影音儲存中心，所以網路連接儲存裝置（英語：Network Attached Storage：NAS）隨之興起。網路連接儲存裝置(NAS)是一種專門的資料儲存技術的名稱，它可以直接連接在電腦網路上面，對異質網路使用者提供了集中式資料存取服務。

NAS 和傳統的檔案儲存服務或直接儲存裝置(DAS)不同的地方，在於 NAS 裝置上面的作業系統和軟體只提供了資料儲存、資料存取、以及相關的管理功能。此外，NAS 裝置也提供了不止一種檔案傳輸協定，而且提供一個以上的硬碟，而且和傳統的檔案伺服器一樣，許多 NAS 還提供 RAID 備援服務。

由於 NAS 的型式很多樣化，可以是一個大量生產的嵌入式裝置，也可以在一般的電腦上執行 NAS 的軟體。

NAS 用的是以檔案為單位的通訊協定，例如像是 NFS（在 UNIX 系統上很常見）或是 SMB（常用於 Windows 系統）。人們都很清楚它們的運作模式，相對之下，儲存區域網路（SAN）用的則是以區段為單位的通訊協定、通常是透過 SCSI 再轉為光纖通道或是 iSCSI。還有其他各種不同的 SAN 通訊協定，像是 ATA over Ethernet 和 HyperSCSI 等。

威聯通 TS-431P2-1G 4-Bay NAS 介紹

之前文章介紹威聯通科技（QNAP）的 TS-431P2-1G 4-Bay NAS (如下圖所示)。

圖 1 QNAP TS-431P2 主機

進入 NAS 主機

如下圖所示，依據 NAS 主機的網址，進入主機，。

圖 2　進入主機

如下圖所示，請選『登入』登入主機。

圖 3　登入主機

如下圖所示，為 NAS 登入畫面。

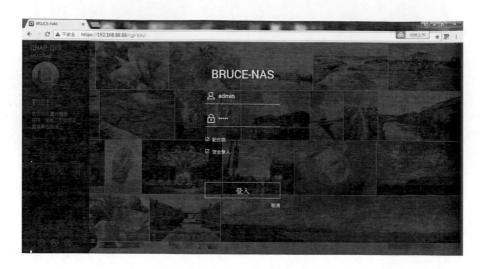

圖 4 NAS 登入畫面

如下圖所示，輸入帳號與密碼。

圖 5 輸入帳號與密碼

如下圖所示，輸入帳號與密碼之後登入主機。

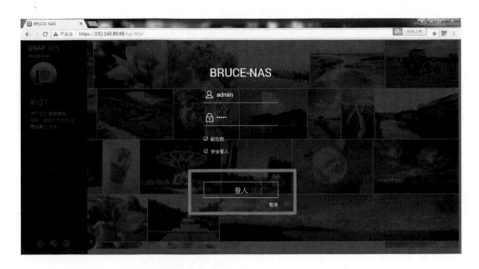

圖 6　登入主機

如下圖所示，為安全性選項警示畫面。

圖 7 安全性選項警示

如下圖所示，仍繼續執行。

圖 8 仍繼續執行

如下圖所示，登入主機，下面為主畫面。

圖 9 主機主畫面

phpMyadmin 管理介面

如下圖所示，請啟動瀏覽器。

圖 10 啟動瀏覽器

如下圖所示，請在瀏覽器網址列輸入網址。

圖 11　輸入網址

如下圖所示，我們網址列輸入網址：https://192.168.88.88:8081/phpMyAdmin/。

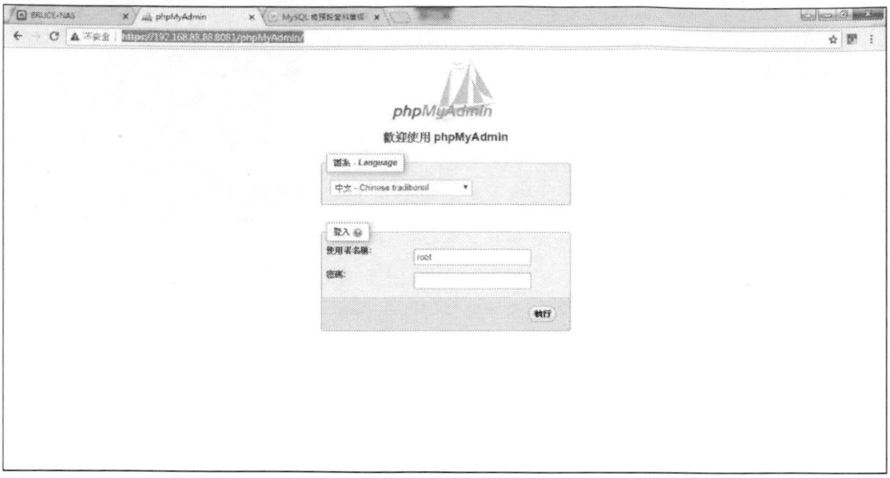

圖 12　輸入 phpmyadmin 網址

如下圖所示，我們登入 phpmyadmin 管理程式，進入 phpmyadmin 主畫面。

圖 13　phpmyadmin 主畫面

如下圖所示，我們使用登入 phpmyadmin 帳號資訊，帳號：root，預設密碼：admin，輸入完畢後就可以登入。

Default Account

User:root

Pwd:admin

圖 14 登入 phpmyadmin 帳號資訊

如下圖所示，我們登入之後，進入 phpmyadmin 管理主畫面。

圖 15 phpmyadmin 管理主畫面

如下圖所示，我們點選資料庫管理。

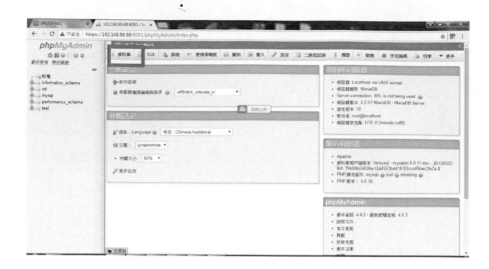

圖 16　點選資料庫管理

如下圖所示，我們進入資料庫管理主畫面。

圖 17　資料庫管理主畫面

如下圖所示，我們輸入新建資料庫名稱。

圖 18　輸入新建資料庫名稱

如下圖所示，我們確定輸入新建資料庫文字編碼。

圖 19　輸入新建資料庫文字編碼

如下圖所示，我們按下鍵立資料庫。

圖 20 按下鍵立資料庫

如下圖所示，我們完成建立 iot 資料庫。

圖 21　完成建立 iot 資料庫

　　到此，我們已經完成安裝 QNAP 威聯通 TS-431P2-1G 4-Bay NAS 之 mySQL 的
管理介面系統：phpMyadmin 管理系統，並產生一個 iot 資料庫來測試資料庫系統。

章節小結

本篇主要告訴讀者，如何將市售的 QNAP 威聯通 TS-431P2-1G 4-Bay NAS 之 mySQL 的管理介面系統：phpMyadmin 管理系統，並產生一個 iot 資料庫來測試資料庫系統，相信上述一步一步的設定步驟，讀者可以開始管理 mySQL 資料庫。

至於其他 QNAP 型號或其他廠牌的 mySQL 的管理介面系統：phpMyadmin 管理系統的安裝與設定也都是大同小異， 相信讀者可以融會貫通。

2

CHAPTER

雲端主機資料表建置與權限設定

筆者在【物聯網開發系列】雲端主機安裝與設定(NAS 硬體安裝篇(曹永忠, 2018c)、【物聯網開發系列】雲端主機安裝與設定(NAS 硬體設定篇)(曹永忠, 2018d)、【物聯網開發系列】雲端主機安裝與設定(網頁主機設定篇)(曹永忠, 2018f)、【物聯網開發系列】雲端主機安裝與設定(資料庫設定篇)等中,筆者介紹了 QNAP 威聯通 TS-431P2-1G 4-Bay NAS 網頁主機安裝與設定的詳細過程,進而建立網頁主機與安裝設定資料庫管理系統,相信許多讀者閱讀後也會有躍躍欲試的衝動。

然而這些都是要整合物聯網與工業上許多聯網裝置使用,才能發揮我們雲端主機的最大功能,再準備進入裝置連接雲端服務之前,我們必些將資料連接與資料權限建立出來,才能真正使用雲端服務的資料庫。

本章使用 DHT22 溫濕度感測器(曹永忠, 2016i, 2017a, 2017b, 2017c, 2018i; 曹永忠, 許智誠, & 蔡英德, 2015e, 2015f, 2017a, 2017b),配合 Wifi 開發版,建立一個例子,不過本章主要先介紹資料庫使用,資料表建立與建立對應資料庫使用者與對應權限設定。

登入 phpMyadmin 管理介面

如下圖所示,請啟動瀏覽器。

圖 22 啟動瀏覽器

如下圖所示,請在瀏覽器網址列輸入網址。

圖 23 輸入網址

如下圖所示,我們網址列輸入網址:https://192.168.88.88:8081/phpMyAdmin/。

圖 24　輸入 phpmyadmin 網址

如下圖所示，我們登入 phpmyadmin 管理程式，進入 phpmyadmin 主畫面。

圖 25　phpmyadmin 主畫面

如下圖所示，我們使用登入 phpmyadmin 帳號資訊，帳號：root，預設密碼：

admin，輸入完畢後就可以登入。

圖 26　登入 phpmyadmin 帳號資訊

如下圖所示，我們登入之後，進入 phpmyadmin 管理主畫面。

圖 27　phpmyadmin 管理主畫面

建立資料表

如下圖所示，我們點選資料庫管理。

圖 28　點選資料庫管理

如下圖所示，我們進入資料庫管理主畫面。

圖 29　資料庫管理主畫面

如下圖所示，我們選擇 iot 資料庫。

圖 30　選擇 iot 資料庫

如下圖所示，我們選擇 iot 資料庫。

圖 31　選擇 iot 資料庫

如下圖所示，我們建立 dhttbl 資料表，欄位數為四個。

圖 32　建立 dhttbl 資料表

如下圖所示，我們按下執行，確定建立 dhttbl 資料表。

圖 33 確定建立 dhttbl 資料表

如下圖所示,我們進入建立 dhttbl 資料表畫面。

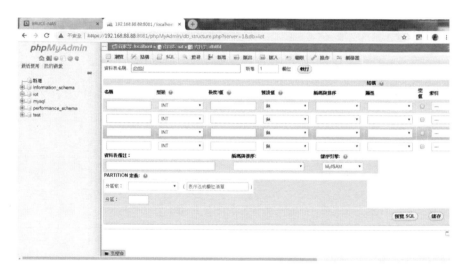

圖 34　進入建立 dhttbl 資料表畫面

如下表所示,我們輸入 dhttbl 資料表四個欄位內容。

表 1 dhttbl 資料表欄位資訊

次序	欄位名稱	中文名稱	型態	長度	索引	A/I
1	id	主鍵	int	預設	主鍵	Yes
2	sysdatetime	資料輸入時間	Timestamp	預設		
3	temperature	溫度	float	預設		
4	humidity	濕度	float	預設		

　　如上表所示之 dhttbl 資料表四個欄位內容，如下圖所示，我們鍵入這些欄位內容。

圖 35　dhttbl 資料表欄位內容

　　如下圖所示，我們按下『儲存』建立 dhttbl 資料表。

圖 36　實際建立 dhttbl 資料表

如下圖所示，我們完成建立 dhttbl 資料表畫面。

圖 37　完成建立 dhttbl 資料表

如下圖所示，讀者可以使用結構功能，來查閱 dhttbl 資料表欄位內容。

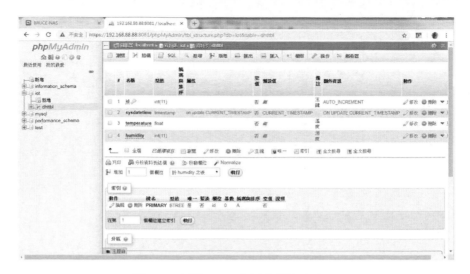

圖 38 查閱 dhttbl 資料表欄位內容

建立使用者與對應權限

如下圖所示，我們點選左上角房屋圖示，進入回到 phpmyadmin 首頁。

圖 39 回到 phpmyadmin 首頁

接下來如下圖所示，我們回到 phpmyadmin 首頁。

圖 40　phpmyadmin 首頁

如下圖紅框處所示，我們進入使用者管理。

圖 41　進入使用者管理

如下圖紅框處所示，我們進入到使用者管理畫面。

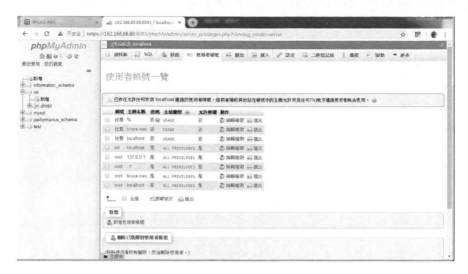

圖 42　使用者管理畫面

如下圖紅框處所示，我們點選新增使用者。

圖 43　點選新增使用者

如下圖紅框處所示，我們進入新增使用者畫面。

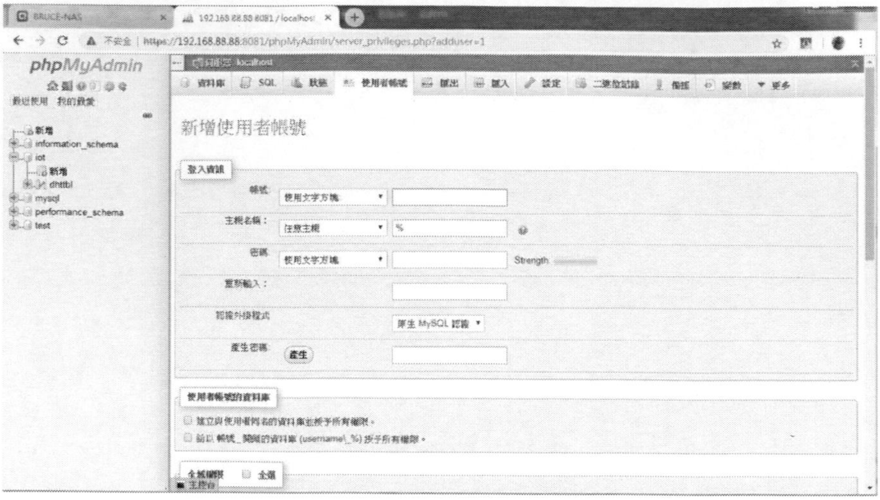

圖 44　進入新增使用者畫面

如下列所示，我們建立下列使用者。

- 使用者名稱：iot
- 使用者密碼：iot1234
- 主機名稱：本機
- 使用者帳號的資料庫：給以 帳號_ 開頭的資料庫 (username_%) 授予所有權限。
- **全域權限**：全選
  - 資料：全選
  - 結構：全選
  - 管理：全選

如下圖紅框處所示，我們新增 iot 本機使用者。

圖 45　新增 iot 使用者

如下圖紅框處所示，我們按下『執行』建立新 iot 使用者。

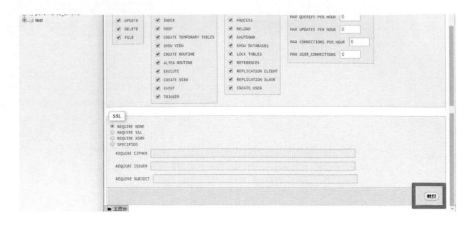

圖 46　建立新 iot 使用者

如下圖紅框處所示，我們可以再進入使用者管理。

圖 47　再進入使用者管理

如下圖所示，我們查看 iot 使用者是否建立。

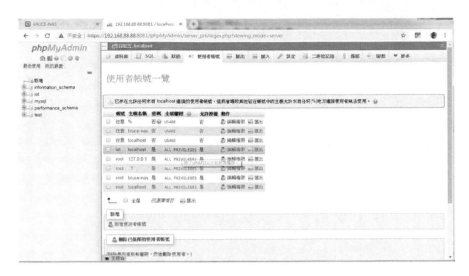

圖 48　查看 iot 使用者是否建立

如下圖紅框處所示，我們登出 phpmyadmin。

圖 49　登出 phpmyadmin

如下圖紅框處所示，我們使用 iot 使用者登入使用者管理。

圖 50　使用 iot 使用者登入

如下圖所示，iot 登入管理畫面如下。

圖 51　iot 登入管理畫面

如下圖紅框所示，我們用 iot 使用者點選 iot 資料庫。

圖 52　io iot 使用者點選 iot 資料庫

如下圖紅框處所示，我們點選 dhttbl 資料表，畫面如下。

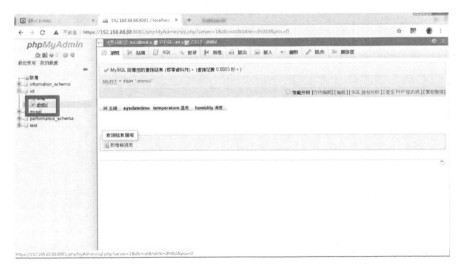

圖 53　點選 dhttbl 資料表

如果我們可以看到 dhttbl 資料表內容與執行『SELECT * FROM `dhttbl`』成功無誤，代表我們已經建立好 iot 使用者，接下來可以進行讀寫資料庫了。

到此，我們已經完成介紹介紹資料庫使用，資料表建立與建立對應資料庫使用者與對應權限設定，相信上述一步一步的設定步驟，讀者可以開始使用 mySQL 資料庫。

至於其他 QNAP 型號或其他廠牌的 mySQL 的使用與管理方式也都是大同小異，相信讀者可以融會貫通。

章節小結

本章主要介紹雲端主機資料表建置與權限設定篇，主要告訴讀者，在感測裝置使用之前，如何建立感測器資料上傳的對應的資料表與對應權限設定，至於其他 QNAP 型號或其他廠牌的 mySQL 的管理介面系統安裝與設定也都是大同小異， 相信讀者可以融會貫通。

CHAPTER

感測裝置上傳雲端主機

筆者在【物聯網開發系列】雲端主機資料表建置與權限設定篇(曹永忠, 2018g)中，筆者介紹讀者，在感測裝置使用之前，如何建立感測器資料上傳的對應的資料表與對應權限設定。

本章會使用 DHT22 溫濕度感測器(曹永忠, 2016i, 2017a, 2017b, 2017c, 2018i; 曹永忠 et al., 2015e, 2015f; 曹永忠, 許智誠, et al., 2017a, 2017b)，配合 Wifi 開發版，連接 Wifi 熱點，透過 php 連接資料的方式，將溫濕度逐一著墨。

建立 mySql 連線程式

首先，我們參照：【物聯網開發系列】雲端主機資料表建置與權限設定篇(曹永忠, 2018g)內容，在網頁主機目錄；/ Connections，新增一個 iotcnn.php 檔案，內容如下。

如下表所示，主要內容是使用 iot 使用者，建立$connection 的 mysql 連線，並切換目前使用的資料庫到 iot 資料庫。

表 2 mySql 連線程式

/ Connections/ iotcnn.php

``php
<?php
    function Connection()
    {
 	
        $server="localhost";
        $user="iot";
        $pass="iot1234";
        $db="iot";
 	
        $connection = mysql_pconnect($server, $user, $pass);
``

```
    if (!$connection) {
        die('MySQL ERROR: ' . mysql_error());
    }

    mysql_select_db($db) or die( 'MySQL ERROR: '. mysql_error() );
    mysql_query("SET NAMES UTF8");
    session_start();

    return $connection    ;
    }
?>
```

建立資料上傳程式

首先，我們參照：如何使用 Linkit 7697 建立智慧溫度監控平台（上）(曹永忠,
2017b)與如何使用 LinkIt 7697 建立智慧溫度監控平台（下）(曹永忠, 2017a, 2017c; 曹
永忠, 吳佳駿, 許智誠, & 蔡英德, 2017a, 2017b; 曹永忠 et al., 2015e, 2015f; 曹永忠,
許智誠, & 蔡英德, 2017c, 2017d, 2017e, 2017f)內容，例用 php 攥寫在網頁主機目錄；
/ dht22p，新增一個 dht22add.php 檔案，內容如下。

如下表所示，主要內容利用 http get 的方法，將感測裝置的溫度用 f1 參數傳回，
另一個是將感測裝置的濕度用 f2 參數傳回，在 dht22p 程式中，將這兩個變數組成
SQL 新增資料的字串，用 mysql_query($query,$link) 的方式送到 mySQL 資料庫。

表 3 mySql 連線程式

```
/ dht22p/ dht22add.php
<?php

    include("../Connections/iotcnn.php");          //使用資料庫的呼叫程式
    //    Connection() ;
    $link=Connection();        //產生 mySQL 連線物件
```

```
$temp1=$_GET["f1"];          //取得 POST 參數：field1
$temp2=$_GET["f2"];          //取得 POST 參數：field2


$query = "INSERT INTO dhttbl (temperature,humidity)
VALUES (".$temp1.",".$temp2.")";
//組成新增到 dhtdata 資料表的 SQL 語法


echo $query ;

mysql_query($query,$link);          //執行 SQL 語法
mysql_close($link);          //關閉 Query



?>
```

我們將上面程式，上傳到雲端主機上，如下圖所示，請在瀏覽器網址列輸入網址：http://192.168.88.88:8888/dht22p/dht22add.php?f1=21&f2=98.5。

如下圖所示，我們可以得到畫面回應『INSERT INTO dhttbl (temperature,humidity) VALUES (21,98.5)』的字串。

圖 54　上傳資料測試畫面

如下圖所示，我們將畫面回應『INSERT INTO dhttbl (temperature,humidity) VALUES (21,98.5)』的字串，在 phpmyadmin 的 SQL 側是輸入這些字串，在 phpmyadmin 測試 SQL 字串。

圖 55　在 phpmyadmin 測試 SQL 字串

如下圖所示，如果在 phpmyadmin 測試 SQL 字串正常執行，我們就可以確定裝置上傳程式正確無誤。

圖 56　在 phpmyadmin 測試 SQL 字串正常執行

組立電路

如下圖所示，我們將 DHT22 溫濕度感測模組，整合 Arduino MKR1000 開發版，如下所示，組立電路。

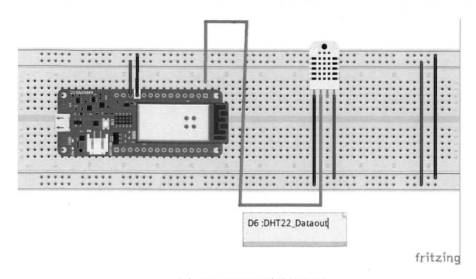

内 D6 :DHT22_Dataout

圖 57　DHT22 電路組立圖

如下圖所示，我們將 Arduino 開發板的驅動程式安裝好之後，我們打開 Arduino

開發板的開發工具：Sketch IDE 整合開發軟體，攢寫一段程式，如下表所示之溫濕

度裝置上傳程式與 include 檔，編譯完成後上傳到 Arduino MKR1000 開發版。

表 4　溫濕度裝置上傳程式

(DHT22_uploader_MKR1000.ino)
#include <String.h>
#include <SPI.h>
#include <WiFi101.h>
#include "arduino_secrets.h"
///////please enter your sensitive data in the Secret tab/arduino_secrets.h
char ssid[] = SECRET_SSID;　　　　// your network SSID (name)
char pass[] = SECRET_PASS;　　// your network password (use for WPA, or use as key for WEP)
int keyIndex = 0;　　　　　// your network key Index number (needed only for WEP)
 IPAddress ip ; long rssi ;

- 43 -

```
int status = WL_IDLE_STATUS;
// if you don't want to use DNS (and reduce your sketch size)
// use the numeric IP instead of the name for the server:
//IPAddress server(74,125,232,128);    // numeric IP for Google (no DNS)
char iotserver[] = "192.168.88.88";        // name address for Google (using DNS)
int iotport = 8888 ;
// Initialize the Ethernet client library
// with the IP address and port of the server
// that you want to connect to (port 80 is default for HTTP):
String strGet="GET /dht22p/dht22add.php";
String strHttp=" HTTP/1.1";
String strHost="Host: 192.168.88.88";   //OK
  String connectstr ;
String MacData ;
WiFiClient client;
String ReadStr = "                                        " ;


//--------------

#include "DHT.h"

#define DHTPIN 6         // what digital pin we're connected to
//#define DHTTYPE DHT11     // DHT 11
#define DHTTYPE DHT22     // DHT 22   (AM2302), AM2321
//#define DHTTYPE DHT21     // DHT 21 (AM2301)

DHT dht(DHTPIN, DHTTYPE);

  float h   ;
  float t   ;

void setup() {
  //Initialize serial and wait for port to open:
    initAll() ;
  // attempt to connect to WiFi network:
  while (status != WL_CONNECTED) {
    Serial.print("Attempting to connect to SSID: ");
    Serial.println(ssid);
```

```
    // Connect to WPA/WPA2 network. Change this line if using open or WEP net-
work:
    status = WiFi.begin(ssid, pass);

    // wait 10 seconds for connection:
    delay(200);
  }
  Serial.println("Connected to wifi");
      printWiFiStatus();
    MacData = GetMacAddress() ;



}

void loop()
{
    h = dht.readHumidity();
    t = dht.readTemperature();
            //---------------------
            connectstr = "?f1="+String(t)+"&f2="+String(h) ;
                Serial.println(connectstr) ;
                    if (client.connect(iotserver, iotport)) {
                        Serial.println("Make a HTTP request ... ");
                        //### Send to Server
                        String strHttpGet = strGet + connectstr + strHttp;
                        Serial.println(strHttpGet);

                        client.println(strHttpGet);
                        client.println(strHost);
                        client.println();
                    }

            if (client.connected())
            {
                client.stop();   // DISCONNECT FROM THE SERVER
            }
            //------------successful read and close ppg-------------
```

```
      delay(3000) ;
} // END Loop


void printWiFiStatus() {
    // print the SSID of the network you're attached to:
    Serial.print("SSID: ");
    Serial.println(WiFi.SSID());

    // print your WiFi shield's IP address:
    ip = WiFi.localIP();
    Serial.print("IP Address: ");
    Serial.println(ip);

    // print the received signal strength:
    rssi = WiFi.RSSI();
    Serial.print("signal strength (RSSI):");
    Serial.print(rssi);
    Serial.println(" dBm");
}

String GetMacAddress() {
    // the MAC address of your WiFi shield
    String Tmp = "" ;
    byte mac[6];

    // print your MAC address:
    WiFi.macAddress(mac);
    for (int i=0; i<6; i++)
      {
          Tmp.concat(print2HEX(mac[i])) ;
      }
    Tmp.toUpperCase() ;
    return Tmp ;
}
```

```
String    print2HEX(int number) {
    String ttt ;
    if (number >= 0 && number < 16)
    {
        ttt = String("0") + String(number,HEX);
    }
    else
    {
        ttt = String(number,HEX);
    }
    return ttt ;
}

void initAll()
{
    Serial.begin(9600);
     Serial.println("DHTxx test!");
    dht.begin();

    // check for the presence of the shield:
    if (WiFi.status() == WL_NO_SHIELD) {
        Serial.println("WiFi shield not present");
        // don't continue:
        while (true);
    }

}

String strzero(long num, int len, int base)
{
    String retstring = String("");
    int ln = 1 ;
        int i = 0 ;
```

```
        char tmp[10] ;
        long tmpnum = num ;
        int tmpchr = 0 ;
        char hexcode[]={'0','1','2','3','4','5','6','7','8','9','A','B','C','D','E','F'} ;
        while (ln <= len)
        {
            tmpchr = (int)(tmpnum % base) ;
            tmp[ln-1] = hexcode[tmpchr] ;
            ln++ ;
             tmpnum = (long)(tmpnum/base) ;


        }
        for (i = len-1; i >= 0 ; i --)
          {
                retstring.concat(tmp[i]);
          }

    return retstring;
}

unsigned long unstrzero(String hexstr, int base)
{
    String chkstring   ;
    int len = hexstr.length() ;

    unsigned int i = 0 ;
    unsigned int tmp = 0 ;
    unsigned int tmp1 = 0 ;
    unsigned long tmpnum = 0 ;
    String hexcode = String("0123456789ABCDEF") ;
    for (i = 0 ; i < (len ) ; i++)
      {
//      chkstring= hexstr.substring(i,i) ;
        hexstr.toUpperCase() ;
            tmp = hexstr.charAt(i) ;    // give i th char and return this char
            tmp1 = hexcode.indexOf(tmp) ;
        tmpnum = tmpnum + tmp1* POW(base,(len -i -1) )   ;
```

```
        }
    return tmpnum;
}

long POW(long num, int expo)
{
    long tmp =1 ;
    if (expo > 0)
    {
            for(int i = 0 ; i< expo ; i++)
               tmp = tmp * num ;
             return tmp ;
    }
    else
    {
     return tmp ;
    }
}
```

表 5 溫濕度裝置上傳程式(include 檔)

arduino_secrets.h
#define SECRET_SSID "IOT"
#define SECRET_PASS "0123456789"

　　如下圖所示，程式編譯完成後，完成上傳後，我們從 Arduino 開發板的開發工具：Sketch IDE 的監控視窗下圖畫面，我們可以看到程式執行。

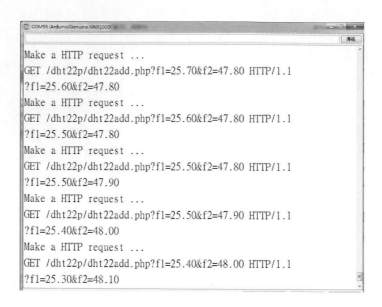

圖 58 監控視窗畫面

接下來我們透過 phpmysql 軟體，是否已經把資料上傳到雲端，如下圖所示，我們看到溫濕度裝置已經上傳感測資料到雲端了。

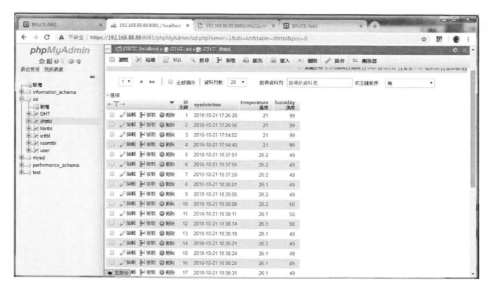

圖 59 查詢 dhttbl 資料表

如果我們可以看到 dhttbl 資料表執行『SELECT * FROM `dhttbl`』成功回傳許多資料，代表我們已經讓溫濕度裝置上傳感測資料到雲端了。

章節小結

本章主要介紹感測裝置如何上傳到雲端主機，在本章內容中已告訴讀者，從建立感測器資料上傳的對應的資料表與對應權限設定，到 php 連接資料的方式，最後整合出溫濕度裝置，並完成上傳感測資料到雲端，至於其他 QNAP 型號或其他廠牌的資料上傳也都是大同小異， 相信讀者可以融會貫通。

4

CHAPTER

視覺化資料呈現

筆者在文章：【物聯網開發系列】雲端主機資料表建置與權限設定篇(曹永忠,
2018g)、【物聯網開發系列】感測裝置上傳雲端主機篇(曹永忠, 2018h) ，作者使用
DHT22 溫濕度感測器(曹永忠, 2016i, 2017a, 2017b, 2017c, 2018i; 曹永忠 et al., 2015e,
2015f; 曹永忠, 許智誠, et al., 2017a, 2017b)這些文章中，以介紹使用 Wifi 開發版，
將溫濕度資料上傳到雲端資料庫，如下圖所示：

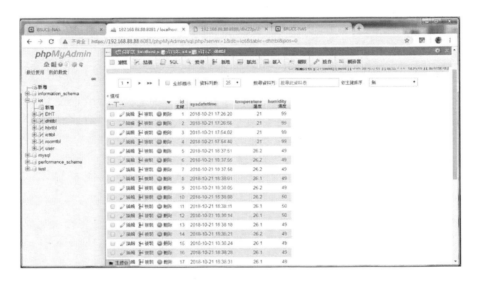

圖 60　查詢 dhttbl 資料表

讀者也可以參考筆者：【物聯網開發系列】溫溼度裝置連線篇：傳送溫溼度資
料到雲端(曹永忠, 許智誠, et al., 2017a)，如下圖所示：我們可以看到透過網頁瀏覽
器工具，可以呈現條列式資訊：

圖 61 網頁上顯示上傳溫溼度資料的結果畫面

在本章中，作者將應用 Google 雲端資源：Chart Gallery，網址：
https://developers.google.com/chart/interactive/docs/gallery?hl=zh-TW 的雲端服務功能，介
紹 google GUAGE 來呈現溫濕度資源。

Chart Gallery 介紹

我們進到 Google 雲端資源：Chart Gallery，網址：
https://developers.google.com/chart/interactive/docs/gallery?hl=zh-TW 的雲端服務功能中，
我們可以看到下圖： Google Developer Chart 雲端服務功能。

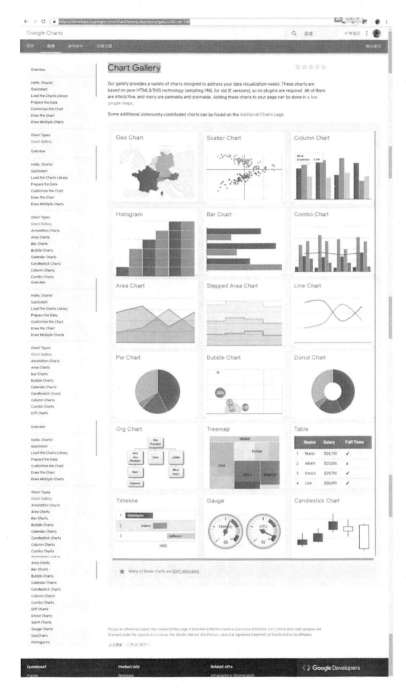

圖 62 Chart Gallery

Visualization: Gauge 介紹

我們進到 Google 雲端資源：Chart Gallery 之 Gauge，網址：https://developers.google.com/chart/interactive/docs/gallery/gauge 的雲端服務功能中，我們可以看到下圖：Visualization: Gauge 雲端服務功能。

圖 63 Visualization: Gauge

如下表所示，我們先看看原來 HTML 程式碼，這樣的程式碼可以轉化成

下圖所示之視覺化元件：Gauge。

表 6 單一元件之視覺化 Gauge 之 HTML 程式碼

單一元件之視覺化 Gauge 之 HTML 程式碼(SoundGauge)

```
<html>
  <head>
    <script type="text/javascript"
src="https://www.gstatic.com/charts/loader.js"></script>
    <script type="text/javascript">
      google.charts.load('current', {'packages':['gauge']});
      google.charts.setOnLoadCallback(drawChart);

      function drawChart() {

        var data = google.visualization.arrayToDataTable([
          ['Label', 'Value'],
          ['Memory', 80],
          ['CPU', 55],
          ['Network', 68]
        ]);

        var options = {
          width: 400, height: 120,
          redFrom: 90, redTo: 100,
          yellowFrom:75, yellowTo: 90,
          minorTicks: 5
        };

        var chart = new google.visualization.Gauge(document.getEle-
mentById('chart_div'));

        chart.draw(data, options);

        setInterval(function() {
```

```
        data.setValue(0, 1, 40 + Math.round(60 * Math.random()));
        chart.draw(data, options);
    }, 13000);
    setInterval(function() {
        data.setValue(1, 1, 40 + Math.round(60 * Math.random()));
        chart.draw(data, options);
    }, 5000);
    setInterval(function() {
        data.setValue(2, 1, 60 + Math.round(20 * Math.random()));
        chart.draw(data, options);
    }, 26000);
    }
  </script>
 </head>
 <body>
  <div id="chart_div" style="width: 400px; height: 120px;"></div>
 </body>
</html>
```

程式下載：https://developers.google.com/chart/interactive/docs/gallery/gauge

(Developers, 2016)

　　由上表之 HTML 程式碼，透過網站與瀏覽器轉譯之後，如下圖所示，我們可

以看到視覺化 Gauge 之 HTML 程式碼之網頁畫面。

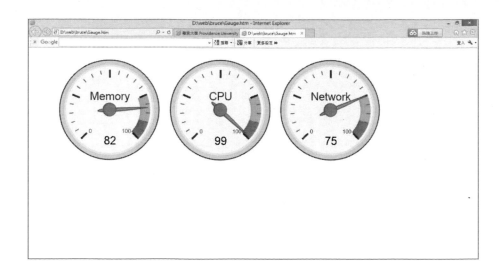

圖 64 單一元件之視覺化 Gauge 之 HTML 程式碼之網頁畫面

逐一解說 HTML 碼

如下表所示，載入 Google Chart 資源。

```
<html>
  <head>
    <script type="text/javascript"
src="https://www.gstatic.com/charts/loader.js"></script>
    <script type="text/javascript">
      google.charts.load('current', {'packages':['gauge']});
      google.charts.setOnLoadCallback(drawChart);
```

如下表所示，載入圖表資料。

```
function drawChart() {

    var data = google.visualization.arrayToDataTable([
```

```
    ['Label', 'Value'],
    ['Memory', 80],
    ['CPU', 55],
    ['Network', 68]
]);
```

如下表所示，載入 Chart 繪圖參數。

參數資料定義如下：

- width:, height 為 每一個 Chart 的寬與高
- redFrom: 紅色區域開始, redTo:紅色區域結束
- yellowFrom:黃色區域開始, yellowTo:黃色區域結束
- minorTicks: 5 最小刻度

```
var options = {
    width: 400, height: 120,
    redFrom: 90, redTo: 100,
    yellowFrom:75, yellowTo: 90,
    minorTicks: 5
};
```

如下表所示，繪出視覺化儀表板。

指令如下：

- var chart = new google.visualization.Gauge(document.getElementById（'chart_div'））➔產生**儀表板**
- chart.draw(data, options);➔畫出**儀表板**

```
    var chart = new google.visualization.Gauge(document.getElementById('chart_div'));

    chart.draw(data, options);
```

如下表所示，在網頁上繪出圖型。

指令如下：

- <div id="chart_div" style="width: 400px; height: 120px;"></div> ➜ 產生叫" chart_div" 的 繪圖空間
- width: 400px　繪圖空間寬度
- height: 120px;繪圖空間高度

```
<body>
  <div id="chart_div" style="width: 400px; height: 120px;"></div>
</body>
```

建立 php 程式碼

如下表所示，我們將抓詢資料的程式，與 Guage 的 HTML 進行整合，產生下列程式碼：

```
<?php require_once('../Connections/iotcnn.php');
    $link=Connection();        //產生 mySQL 連線物件
    $str1 = "select * from dhttbl order by sysdatetime desc limit 0,1";
    //組成新增到 dhtdata 資料表的 SQL 語法


  // echo $query ;

        $result1=mysql_query($str1,$link);
?>
<html>
  <head>
    <script type="text/javascript"
src="https://www.gstatic.com/charts/loader.js"></script>
    <script type="text/javascript">
        google.charts.load('current', {'packages':['gauge']});
        google.charts.setOnLoadCallback(drawChart);
```

```
    function drawChart() {

        var data = google.visualization.arrayToDataTable([
          ['Label', 'Value'],
<?php
        if($result1 !==FALSE){
            while($row = mysql_fetch_array($result1)) {
            printf(" ['溫度', %f],['濕度', %f]);", $row["temperature"], $row["hu-
midity"]);
            }
            mysql_free_result($result1);
        }
    ?>


        var options = {
          width: 500, height: 500,
          redFrom: 35, redTo: 100,
          yellowFrom:28, yellowTo: 35,
          minorTicks: 10
        };


        var chart = new google.visualization.Gauge(document.getEle-
mentById('chart_div'));


        chart.draw(data, options);


    }
  </script>
  </head>
  <body>
    <div id="chart_div" style="width: 400px; height: 120px;"></div>
  </body>
</html>
```

　　將這支程式，命名『dht_guage.php』，上傳到網頁中間之/dht22/目錄下，開啟瀏

覽器之後，我們在網址列，輸入『http://192.168.88.88:8888/dht22/dht_guage.php』(本雲

端主機『http://192.168.88.88:8888/』），我們可以看到下圖：

圖 65　使用 google chart 之 Guage 顯示溫濕度

　　到此，我們已經完成介紹 Google Chart 雲端服務的介紹，相信上述一步一步的設定步驟，讀者可以開始使用 Google Chart 雲端服務。

　　至於其他第三方軟體的 Chart 雲端服務也都是大同小異， 相信讀者可以融會貫通。

章節小結

　　本章主要告訴讀者，如何利用 Google Chart 雲端服務，使用視覺化方式即時顯示單筆資訊，Google Chart 其他視覺化方式也都是大同小異， 相信讀者可以融會貫通。

5

CHAPTER

視覺化呈現連續資料

筆者在文章：【物聯網開發系列】溫溼度裝置連線篇：傳送溫溼度資料到雲端(曹永忠, 許智誠, et al., 2017a)，如下圖所示：我們可以看到透過網頁瀏覽器工具，可以呈現條列式資訊：

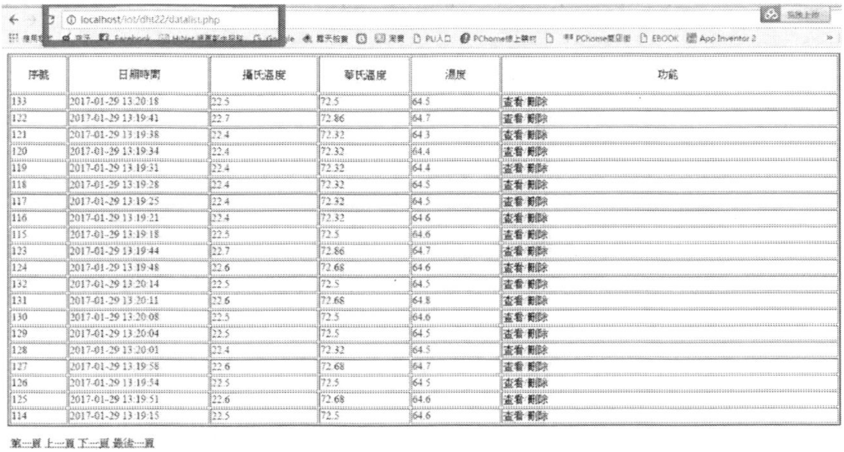

序號	日期時間	攝氏溫度	華氏溫度	濕度	功能
133	2017-01-29 13:20:18	22.5	72.5	64.5	查看 刪除
122	2017-01-29 13:19:41	22.7	72.86	64.7	查看 刪除
121	2017-01-29 13:19:38	22.4	72.32	64.3	查看 刪除
120	2017-01-29 13:19:34	22.4	72.32	64.4	查看 刪除
119	2017-01-29 13:19:31	22.4	72.32	64.4	查看 刪除
118	2017-01-29 13:19:28	22.4	72.32	64.5	查看 刪除
117	2017-01-29 13:19:25	22.4	72.32	64.5	查看 刪除
116	2017-01-29 13:19:21	22.4	72.32	64.6	查看 刪除
115	2017-01-29 13:19:18	22.5	72.5	64.6	查看 刪除
123	2017-01-29 13:19:44	22.7	72.86	64.7	查看 刪除
124	2017-01-29 13:19:48	22.6	72.68	64.6	查看 刪除
132	2017-01-29 13:20:14	22.5	72.5	64.5	查看 刪除
131	2017-01-29 13:20:11	22.6	72.68	64.8	查看 刪除
130	2017-01-29 13:20:08	22.5	72.5	64.6	查看 刪除
129	2017-01-29 13:20:04	22.5	72.5	64.5	查看 刪除
128	2017-01-29 13:20:01	22.4	72.32	64.5	查看 刪除
127	2017-01-29 13:19:58	22.6	72.68	64.7	查看 刪除
126	2017-01-29 13:19:54	22.5	72.5	64.5	查看 刪除
125	2017-01-29 13:19:51	22.6	72.68	64.6	查看 刪除
114	2017-01-29 13:19:15	22.5	72.5	64.6	查看 刪除

第一頁 上一頁 下一頁 最後一頁

圖 66 網頁上顯示上傳溫溼度資料的結果畫面

我們已經透過 Google 雲端資源：Chart Gallery，網址：https://developers.google.com/chart/interactive/docs/gallery?hl=zh-TW 的雲端服務功能，在筆者文章：【物聯網開發系列】視覺化資料呈現(Google Chart 篇)：我們使用 Google GUAGE 來呈現溫濕度資源(曹永忠, 2018b)，我們可以看到下圖：

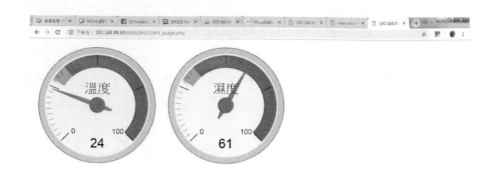

圖 67　使用 google chart 之 Guage 顯示溫濕度

由於 google chart 之 Guage 對於視覺化顯示單筆資料，非常強大，但是對於連續資料、上下相關的資料顯示，卻不夠到位，難道 Google Chart 雲端服務只有這樣簡單嗎。

事實並非如此，對於連續資料、上下相關的資料顯示， Google Chart 雲端服務提供更多的圖表顯示，來滿足更多的開發者，本文就要介紹常用來呈現連續資料、上下相關的資料的顯示利器：Line Chart 圖。

Chart Gallery 介紹

我們進到 Google 雲端資源： Chart Gallery ， 網址： https://developers.google.com/chart/interactive/docs/gallery?hl=zh-TW 的雲端服務功能中，我們可以看到下圖： Google Developer Chart 雲端服務功能。

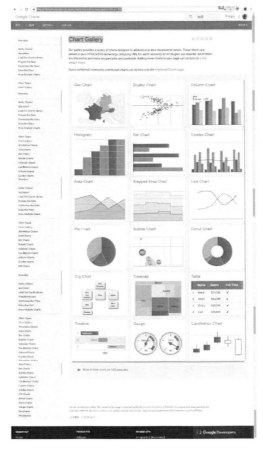

圖 68 Chart Gallery

Line Chart 介紹

　　我們進到 Google 雲端資源：Chart Gallery 之 Line Chart，網址：https://developers.google.com/chart/interactive/docs/gallery/linechart 的雲端服務功能中，我們可以看到下圖：Line Chart 雲端服務功能。

圖 69 Line Chart 雲端服務

如下表所示，我們先看看原來 HTML 程式碼，這樣的程式碼可以轉化成

下圖所示之視覺化元件：Line Chart。

表 7 單一元件之視覺化 Line Chart 之 HTML 程式碼

單一元件之視覺化 Line Chart 之 HTML 程式碼

```
<html>
<head>
  <script type="text/javascript"
src="https://www.gstatic.com/charts/loader.js"></script>
  <script type="text/javascript">
  google.charts.load('current', {'packages':['corechart']});
  google.charts.setOnLoadCallback(drawChart);

  function drawChart() {
    var data = google.visualization.arrayToDataTable([
      ['Year', 'Sales', 'Expenses'],
      ['2004',    1000,         400],
      ['2005',    1170,         460],
      ['2006',    660,          1120],
      ['2007',    1030,         540]
    ]);

    var options = {
      title: 'Company Performance',
      curveType: 'function',
      legend: { position: 'bottom' }
    };

    var chart = new google.visualization.LineChart(document.getEle-
mentById('curve_chart'));

    chart.draw(data, options);
  }
  </script>
</head>
```

```
        <body>
          <div id="curve_chart" style="width: 900px; height: 500px"></div>
        </body>
      </html>
```

程式下載：https://developers.google.com/chart/interactive/docs/gallery/gauge

(Developers, 2016)

由上表之 HTML 程式碼，透過網站與瀏覽器轉譯之後，如下圖所示，我們可以看到視覺化 Line Chaty 之 HTML 程式碼之網頁畫面。

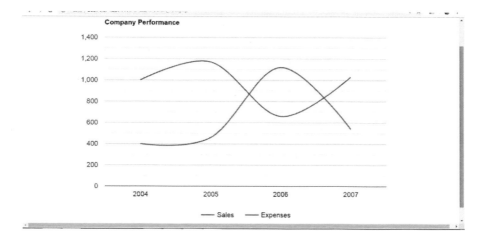

圖 70 單一元件之視覺化 Line Chart 之 HTML 程式碼之網頁畫面

逐一解說 HTML 碼

如下表所示，載入 Google Chart 資源。

```
      <html>
      <head>
        <script type="text/javascript"
src="https://www.gstatic.com/charts/loader.js"></script>
```

```
<script type="text/javascript">
    google.charts.load('current', {'packages':['corechart']});
    google.charts.setOnLoadCallback(drawChart);
```

如下表所示，載入圖表資料。

```
function drawChart() {
    var data = google.visualization.arrayToDataTable([
        ['Year', 'Sales', 'Expenses'],
        ['2004',   1000,        400],
        ['2005',   1170,        460],
        ['2006',   660,        1120],
        ['2007',   1030,        540]
    ]);
```

如下表所示，載入 Chart 繪圖參數。

參數資料定義如下：

- Title: ，圖表上方顯示之文字\
- curveType: 使用函數
- legend:顯示開始位置

```
var options = {
    title: 'Company Performance',
    curveType: 'function',
    legend: { position: 'bottom' }
};
```

如下表所示，繪出 LineChart 視覺化圖表。

指令如下：

- var chart = new google.visualization.LineChart(document.getElementById('curve_chart')); ➔產生 LineChart 視覺化圖表
- chart.draw(data, options);➔畫出 LineChart 視覺化圖表

```
        var chart = new google.visualization.LineChart(document.getEle-
mentById('curve_chart'));

        chart.draw(data, options);
```

如下表所示，在網頁上繪出圖型。

指令如下：

- <div id="curve_chart" style="width: 900px; height: 500px"></div> ➔
  產生叫〞chart_div〞的 繪圖空間
- width: 900px　繪圖空間寬度
- height: 500px:繪圖空間高度

```
<body>
  <div id="curve_chart" style="width: 900px; height: 500px"></div>
</body>
```

建立 php 程式碼

如下表所示，我們將抓詢資料的程式，與 Line Chart 的 HTML 進行整合，產生
下列程式碼：

```
<?php require_once('../Connections/iotcnn.php');
    $link=Connection();        //產生 mySQL 連線物件
    $str1 = "select * from (SELECT * FROM dhttbl order by sysdatetime    desc limit
0,50) as ww order by sysdatetime    asc ";                        $str2 = "select * from
(SELECT * FROM dhttbl order by sysdatetime    desc limit 0,50) as ww order by sys-
datetime    asc ";
```

```
//組成新增到 dhtdata 資料表的 SQL 語法


  // echo $query ;


        $result1=mysql_query($str1,$link);
        $result2=mysql_query($str2,$link);
?>
<html>
  <head>
    <script type="text/javascript"
src="https://www.gstatic.com/charts/loader.js"></script>
    <script type="text/javascript">
        google.charts.load('current', {'packages':['corechart']});
        google.charts.setOnLoadCallback(drawChart);
        google.charts.setOnLoadCallback(drawChart2);

        function drawChart() {
          // Some raw data (not necessarily accurate)
          var data = google.visualization.arrayToDataTable([
            ['DateTime', 'Temperature'],
        <?php
            if($result1!==FALSE){
                while($row = mysql_fetch_array($result1)) {
                    printf("['%s',%f],",
                        $row["sysdatetime"], $row["temperature"]);
                }
                mysql_free_result($result1);
            }
        ?>
        ]);


        var options = {
            title: ' ',
            hAxis: {title: 'DateTime',   titleTextStyle: {color: '#333'}},
            vAxis: {title: 'Temperature' , minValue: 0} ,
            series: {
```

```
        0: { color: '#ff0000' },
        1: { color: '#00ff00' },
      }
    };

    var chart = new google.visualization.LineChart(document.getEle-
mentById('chart_div'));
    chart.draw(data, options);
  }

  function drawChart2() {
    // Some raw data (not necessarily accurate)
    var data2 = google.visualization.arrayToDataTable([
      ['DateTime', 'Humidity'],
<?php
    if($result2!==FALSE){
        while($row = mysql_fetch_array($result2)) {
            printf("['%s',%f],",
                $row["sysdatetime"], $row["humidity"]);
        }
        mysql_free_result($result2);
    }
?>
]);


    var options2 = {
      title: ' ',
      hAxis: {title: 'DateTime',    titleTextStyle: {color: '#444'}},
      vAxis: {title: 'Humidity' , minValue: 0} ,
      series: {
        0: { color: '#00ff00' },
        1: { color: '#0000ff' },
      }
    };

    var chart2 = new google.visualization.LineChart(document.getEle-
mentById('chart_div2'));
```

```
            chart2.draw(data2, options2);
        }
      </script>
    </head>
    <body>
      <div id="chart_div" style="width: 90%; height: 500px;"></div>
      <div id="chart_div2" style="width: 90%; height: 500px;"></div>
    </body>
</html>
```

　　將這支程式，命名『d dht_linechart.php』，上傳到網頁中間之/dht22/目錄下，開啟瀏覽器之後，我們在網址列，輸入『http://192.168.88.88:8888/dht22/ dht_linechart.php』(本雲端主機『http://192.168.88.88:8888/』)，我們可以看到下圖：

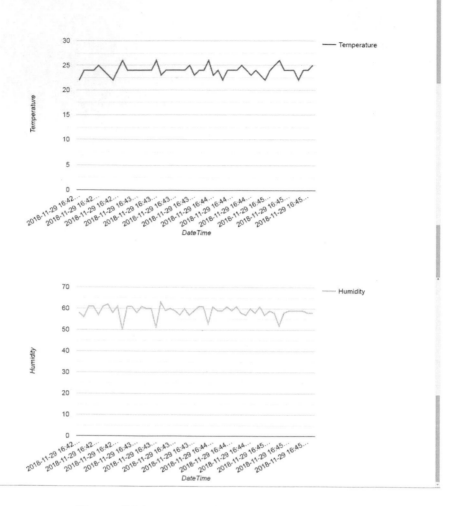

圖 71　使用 google chart 之 LineChart 顯示溫濕度

　　到此，我們已經完成介紹 Google Chart 雲端服務的 Line Chart 介紹，相信上述一步一步的設定步驟，讀者可以開始使用 Google Line Chart 雲端服務。

　　至於其他第三方軟體的 Chart 雲端服務也都是大同小異，　相信讀者可以融會貫通。

章節小結

本章主要告訴讀者，如何利用 Google Line Chart 雲端服務，使用視覺化方式即時多筆連續資訊，其他 Google Line Chart 雲端服務也都是大同小異， 相信讀者可以融會貫通。

6

CHAPTER

Google Map 服務設定篇

在許多 Google Map 視覺化呈現的技巧中，似乎 Google Map 視覺化呈現的技巧，如下圖所示，往往使人驚艷不已，本章將要介紹 Google Map 視覺化呈現的技巧。

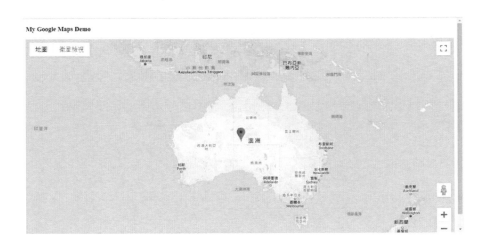

圖 72 使用地圖描點的視覺化 Google Map

Google Cloud Platform 介紹

首 先 ， 我 們 接 續 著 上 篇 文 章 的 網 址 ： https://developers.google.com/maps/documentation/javascript/adding-a-google-map，可以看到下圖，請點選下圖左邊紅框處：

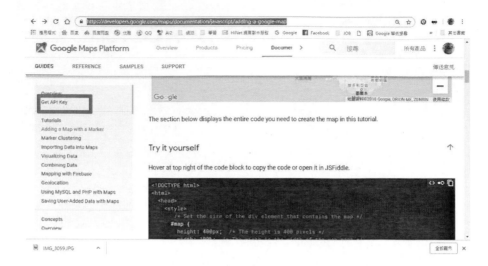

圖 73 取得 API_Key

我們點選上圖紅框處，進到網址：

https://developers.google.com/maps/documentation/javascript/get-api-key，如下圖所示：

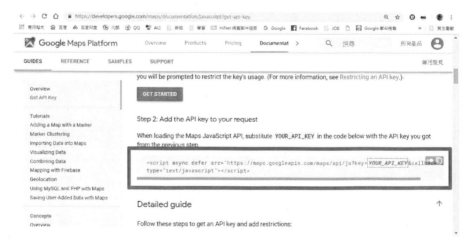

圖 74 需要取得 API_Key

如下圖所示，我們點選 Google Cloud Platform Console，進入網址：https://console.developers.google.com/apis/dashboard?project=prgbruce&authuser=1&hl=zh-Tw&duration=PT1H，我們見到如下圖所示之畫面

圖 75 Google Cloud Platform Console 主頁

Google Map 介紹

由於 Google Developer 對於 Google Map 雲端服務已經取消免費的優惠，進而需要開發者取得開發資格，才能使用 Google Map 雲端服務，所以接下來將介紹如何開啟 Google Map 雲端服務的 Google Developer 身分。

我們 Google Cloud Platform 雲端資源：Google Cloud Platform，網址：https://console.developers.google.com/?hl=zh-Tw，登入 Google 帳號，我們可以看到下圖： Google Cloud Platform 雲端資源(Google_Cloud_Platform, 2018)。

圖 76 Google Cloud Platform Console 主頁

啟用 api

如下圖所示，我們點許下圖紅框處，啟動 api 與服務。

圖 77 啟用 api

接下來我們切換到網址：

https://developers.google.com/maps/documentation/javascript/tutorial，如下圖所示，我們

開始來教讀者如何使用 Google Map 雲端資源。

圖 78 開啟新版 api

如下圖所示，我們點選 javascript_api 功能。

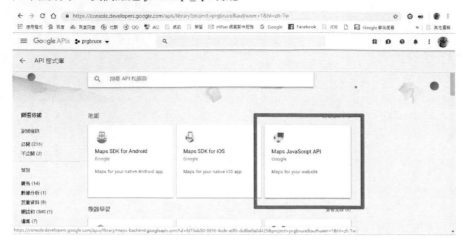

圖 79 點選 javascript_api 功能

如下圖所示，我們啟用 Maps JavaScript API 功能。

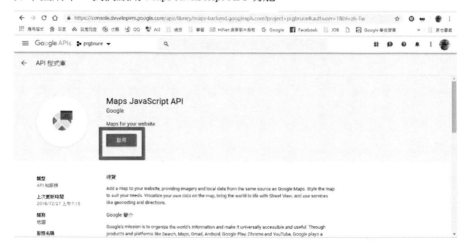

圖 80 啟用 Maps JavaScript API

如下圖所示，我們完成啟用 Maps JavaScript API 功能。

圖 81 已啟用 Maps JavaScript API

建立帳單資訊

如下圖所示，我們發現 Google Maps Platform Support 還未建立，由於目前 Google Maps JavaScript API 需要付費，所以我們必須建立帳單資訊。

圖 82 解決帳單問題

如下圖所示，我們仍缺乏帳號帳單資訊，必須先完成帳號帳單資訊方能啟用

Maps JavaScript API 功能。

圖 83 缺乏帳號資訊

如下圖所示，我們必須建立帳單帳戶。

圖 84 建立帳單帳戶

如下圖所示，我們先行同意建立帳號。

圖 85 步驟二之一

如下圖所示，我們根據自己的資訊，完整建立個人或公司型態的資訊。

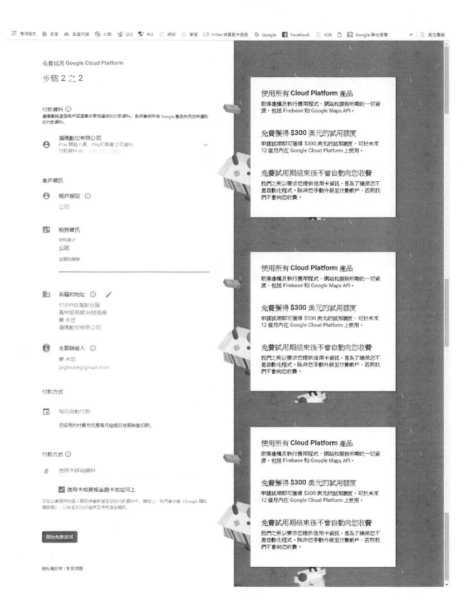

圖 86 步驟二之二

建立專案

如下圖所示，我們已建立帳單帳號之後回到 Google Maps Platform ，我們回到
管理畫面。

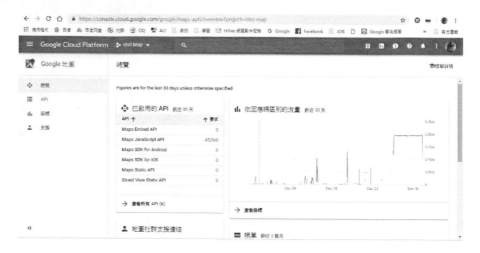

圖 87 已開啟帳號的 Google Maps Platform

如下圖所示為專案管理畫面，如何建立新專案，點選下圖右方紅框處『新增專
案』建立新專案。

圖 88 建立新專案

如下圖所示我們輸入新專案所需資訊後，點選下方紅框處建立專案。

圖 89 輸入新專案資訊

如下圖所示為新專案管理畫面。

圖 90 已建立新專案

建立 API KEY

如下圖所示，我們到 Google Maps Platform ，網址：https://cloud.google.com/maps-platform/?authuser=1。

圖 91 探索產品

如下圖所示，我們開始使用。

圖 92 開始使用

如下圖所示，我們建立 MAP API KEY。

圖 93 建立 MAP API

如下圖所示，我們選擇一個專案。

圖 94 選擇一個專案

如下圖所示，我們啟用您的 API。

圖 95 啟用您的 API

如下圖所示，我們啟用 google 地圖平台

圖 96 啟用 google 地圖平台

如下圖所示，我們取得 MAP API KEY。

圖 97 取得 key

如上圖所示，我們看到『AIzaSyBY671MA9AVH6RkT8gqnFdp7Pn2u6aKJ7s』就是我們建立的

Google Map Api Key，只要將這個 key 填入看 HTML 程式碼，這樣的程式碼可

以轉化成下圖所示之視覺化地圖標示。

表 8 視覺化地圖描點標示之 HTML 程式碼

視覺化地圖描點標示之 HTML 程式碼

```
<!DOCTYPE html>
<html>
  <head>
    <style>
       /* Set the size of the div element that contains the map */
      #map {
        height: 400px;    /* The height is 400 pixels */
        width: 100%;    /* The width is the width of the web page */
      }
    </style>
  </head>
  <body>
    <h3>My Google Maps Demo</h3>
    <!--The div element for the map -->
```

```
        <div id="map"></div>
        <script>
    // Initialize and add the map
    function initMap() {
      // The location of Uluru
      var uluru = {lat: -25.344, lng: 131.036};
      // The map, centered at Uluru
      var map = new google.maps.Map(
          document.getElementById('map'), {zoom: 4, center: uluru});
      // The marker, positioned at Uluru
      var marker = new google.maps.Marker({position: uluru, map: map});
    }
        </script>
        <!--Load the API from the specified URL
        * The async attribute allows the browser to render the page while the API
loads
        * The key parameter will contain your own API key (which is not needed for
this tutorial)
        * The callback parameter executes the initMap() function
        -->
        <script async defer
        src="https://maps.googleapis.com/maps/api/js?key=AIza-
SyBY671MA9AVH6RkT8gqnFdp7Pn2u6aKJ7s&callback=initMap">
        </script>
      </body>
    </html>
```

程式下載：https://developers.google.com/maps/documentation/javascript/adding-a-

google-map(Google_Inc., 2018)

　　由上表之 HTML 程式碼，透過網站與瀏覽器轉譯之後，如下圖所示，我們可

以看到使用地圖描點的視覺化 Google Map 之 HTML 程式碼之網頁畫面。

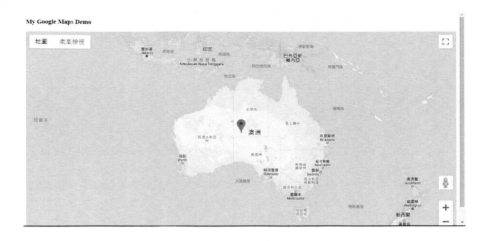

圖 98 使用地圖描點的視覺化 Google Map

到此，我們已經完成介紹開啟 Google Map 雲端服務會員資料，並且已經介紹如何取得 Google Map API KEY，相信上述一步一步的設定步驟，讀者可以開始使用 Google Map 雲端服務。

章節小結

本章主要介紹讀者，如何啟動 Google Map 雲端服務，使用視覺化方式即時地圖資訊，下章將介紹讀者，如何整合資料表示與 Google Map 雲端服務，請讀者拭目以待。

7

CHAPTER

Google Map 篇

在許多 Google Map 視覺化呈現的技巧中,似乎 Google Map 視覺化呈現的技巧,如下圖所示,往往使人驚艷不已,本章將要介紹 Google Map 視覺化呈現的技巧。

筆者在下列幾篇文章:【物聯網開發系列】視覺化位置呈現(Google Map 基本篇)(曹永忠, 2018a),本章作者將介紹 Google 雲端資源中,最具代表性的 Google Map 功能。

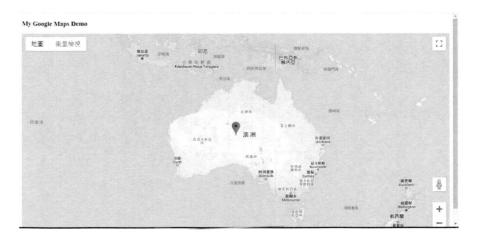

圖 99 使用地圖描點的視覺化 Google Map

Google Map 介紹

我們進到 Google 雲端資源: Google Map Platform,網址:https://cloud.google.com/maps-platform/的雲端服務功能中,我們可以看到下圖:Google Developer Chart 雲端服務功能(Google_Inc., 2018)。

圖 100 Google Map Platform

Google Map Platform 介紹

我們進到 Goo Google Map Platform 雲端資源，網址：
https://cloud.google.com/maps-platform/的雲端服務功能中，我們可以看到下圖：瞭解
運作方式(Google_Inc., 2018)。

圖 101 瞭解運作方式

接下來我們切換到網址：
https://developers.google.com/maps/documentation/javascript/tutorial，我們開始來教讀者
如何使用 Google Map 雲端資源。

如下表所示，我們先看看原來 HTML 程式碼，這樣的程式碼可以轉化成
下圖所示之視覺化地圖標示。

表 9 視覺化地圖標示之 HTML 程式碼

視覺化地圖標示之 HTML 程式碼

```
<!DOCTYPE html>
<html>
  <head>
    <title>Simple Map</title>
    <meta name="viewport" content="initial-scale=1.0">
    <meta charset="utf-8">
    <style>
      /* Always set the map height explicitly to define the size of the div
       * element that contains the map. */
      #map {
        height: 100%;
      }
      /* Optional: Makes the sample page fill the window. */
      html, body {
        height: 100%;
        margin: 0;
        padding: 0;
      }
    </style>
  </head>
  <body>
    <div id="map"></div>
    <script>
      var map;
      function initMap() {
        map = new google.maps.Map(document.getElementById('map'), {
          center: {lat: -34.397, lng: 150.644},
          zoom: 8
        });
      }
    </script>
    <script src="https://maps.goog-
leapis.com/maps/api/js?key=YOUR_API_KEY&callback=initMap"
    async defer></script>
  </body>
</html>
```

程式下載：

https://developers.google.com/maps/documentation/javascript/tutorial(Google_Inc., 2018)

由上表之 HTML 程式碼，透過網站與瀏覽器轉譯之後，如下圖所示，我們可以看到視覺化 Google Map 之 HTML 程式碼之網頁畫面。

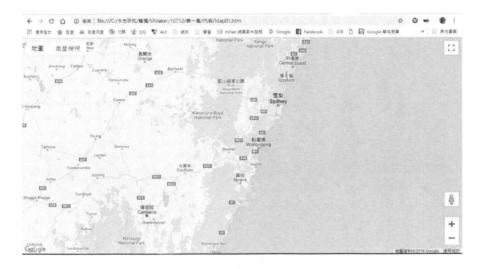

圖 102 顯示 Google_Map

逐一解說 HTML 碼

如下表所示，我們必須先行宣告 Google Map 網頁格式。

```
<style>
    /* Always set the map height explicitly to define the size of the div
     * element that contains the map. */
    #map {
        height: 100%;
    }
    /* Optional: Makes the sample page fill the window. */
    html, body {
```

```
          height: 100%;
          margin: 0;
          padding: 0;
        }
    </style>
```

如下表所示，載入 Google Map 地圖資料。

```
<body>
  <div id="map"></div>
  <script>
    var map;
    function initMap() {
      map = new google.maps.Map(document.getElementById('map'), {
        center: {lat: -34.397, lng: 150.644},
        zoom: 8
      });
    }
  </script>
  <script src="https://maps.goog-
leapis.com/maps/api/js?key=YOUR_API_KEY&callback=initMap"
    async defer></script>
</body>
```

如下表所示，載入 Chart 繪圖參數。

參數資料定義如下：

- var map;:產生地圖物件變數
- initMap(): 產生地圖的初始化函數
- new google.maps.Map(document.getElementById('map'):實際產生 Google Map 物件

center: {lat: -34.397, lng: 150.644}：定義產生地圖之中心位置

<script

src=https://maps.googleapis.com/maps/api/js?key=YOUR_API_KEY&callback=in itMap async defer></script> ：在此需要輸入 Google Map 服務金鑰(下文會 教各位讀者如何產生金鑰)

加入 Google Map 顯示地圖描點

接下來我們切換到網址：
https://developers.google.com/maps/documentation/javascript/adding-a-google-map，我們開始來教讀者，如下圖所示，如何 Google Map 的服務之中，加入地圖描點。

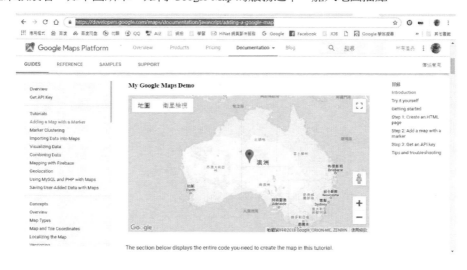

圖 103 地圖描點之官方代表圖

如下表所示，我們先看看原來 HTML 程式碼，這樣的程式碼可以轉化成下圖所示之視覺化地圖標示。

表 10 視覺化地圖描點標示之 HTML 程式碼

視覺化地圖描點標示之 HTML 程式碼
<!DOCTYPE html>

```html
<html>
  <head>
    <style>
       /* Set the size of the div element that contains the map */
      #map {
        height: 600px;   /* The height is 400 pixels */
        width: 100%;   /* The width is the width of the web page */
      }
    </style>
  </head>
  <body>
    <h3>My Google Maps Demo</h3>
    <!--The div element for the map -->
    <div id="map"></div>
    <script>
// Initialize and add the map
function initMap() {
  // The location of Uluru
  var uluru = {lat: -25.344, lng: 131.036};
  // The map, centered at Uluru
  var map = new google.maps.Map(
        document.getElementById('map'), {zoom: 4, center: uluru});
  // The marker, positioned at Uluru
  var marker = new google.maps.Marker({position: uluru, map: map});
}
    </script>
    <!--Load the API from the specified URL
    * The async attribute allows the browser to render the page while the API
loads
    * The key parameter will contain your own API key (which is not needed for
this tutorial)
    * The callback parameter executes the initMap() function
    -->
    <script async defer
    src="https://maps.goog-
leapis.com/maps/api/js?key=YOUR_API_KEY&callback=initMap">
    </script>
  </body>
```

```
</html>
```

程式下載：https://developers.google.com/maps/documentation/javascript/adding-a-

google-map(Google_Inc., 2018)

由上表之 HTML 程式碼，透過網站與瀏覽器轉譯之後，如下圖所示，我們可

以看到使用地圖描點的視覺化 Google Map 之 HTML 程式碼之網頁畫面。

圖 104 使用地圖描點的視覺化 Google Map

逐一解說 HTML 碼

如下表所示，我們必須先行宣告 Google Map 網頁格式，產生地圖的大小為高

度：600 像數，寬度與瀏覽器同寬。


```
<style>
    /* Set the size of the div element that contains the map */
    #map {
```

```
    height: 600px;    /* The height is 400 pixels */
    width: 100%;    /* The width is the width of the web page */
    }
  </style>
```

如下表所示，顯示文字：My Google Maps Demo。

```
<h3>My Google Maps Demo</h3>
```

如下表所示，顯示 Google Map。

```
    <script>
// Initialize and add the map
function initMap() {
  // The location of Uluru
  var uluru = {lat: -25.344, lng: 131.036};
  // The map, centered at Uluru
  var map = new google.maps.Map(
      document.getElementById('map'), {zoom: 4, center: uluru});
  // The marker, positioned at Uluru
  var marker = new google.maps.Marker({position: uluru, map: map});
}
    </script>
```

如下表所示，載入 Chart 繪圖參數。

參數資料定義如下：

- var uluru = {lat: -25.344, lng: 131.036};:產生地圖描點座標
- initMap(): 產生地圖的初始化函數
- new google.maps.Map(document.getElementById('map'):實際產生 Google Map 物件
- zoom: 4：顯示地圖之大小為 4

center: uluru：定義產生地圖之中心位置

var marker = new google.maps.Marker({position: uluru, map: map});：加入 uluru 座標的

<script
src=https://maps.googleapis.com/maps/api/js?key=YOUR_API_KEY&callback=initMap async defer></script> ：在此需要輸入 Google Map 服務金鑰(下文會教各位讀者如何產生金鑰)

最後我們看到如下圖所示之 Google Map 地圖，我們可以在上面標示任何位置的描點了。

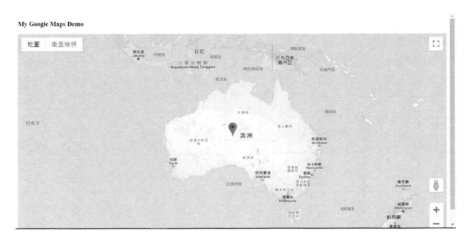

圖 105 使用地圖描點的視覺化 Google Map

到此，我們已經完成介紹 Google Map 雲端服務的介紹，相信上述一步一步的設定步驟，讀者可以開始使用 Google Map 雲端服務。

章節小結

本章主要告訴讀者，如何利用 Google Map 雲端服務，使用視覺化方式即時地圖資訊，由於 Google Map 雲端服務有許多功能與不同的使用地圖與顯示格式，其他的也都是大同小異， 相信讀者可以融會貫通。

本書總結

筆者承繼雲端平台(硬體建置基礎篇): The Setting and Configuration of Hardware & Operation System for a Clouding Platform based on QNAP Solution (Industry 4.0 Series)({[曹永忠, 2018 #5527;曹永忠, 2018 #5524})，開始介紹如何使用 QNAP 威聯通 TS-431P2-1G 4-Bay NAS 雲端主機，從資料庫建立，資料表規劃到網頁主機的 php 程式攘寫、資料呈現，在應用 Google 雲端資源：Google Chart 到 Google Map 等雲端資源的使用到程式系統的開發，一步一步的圖文步驟，讀者可以閱讀完後，就有能力自行開發雲端平台的應用程式。

在此感謝許多有心的讀者提供筆者許多寶貴的意見與建議，筆者群不勝感激，許多讀者希望筆者可以推出更多的教學書籍與產品開發專案書籍給更多想要進入『工業 4.0』、『物聯網』、『智慧家庭』這個未來大趨勢，所有才有這個系列的產生。

本系列叢書的特色是一步一步教導大家使用更基礎的東西，來累積各位的基礎能力，讓大家能學習之中，可以拔的頭籌，所以本系列是一個永不結束的系列，只要更多的東西被開發、製造出來，相信筆者會更衷心的希望與各位永遠在這條研究、開發路上與大家同行。

作者介紹

曹永忠 (Yung-Chung Tsao)，國立中央大學資訊管理學系博士，目前在國立暨南國際大學電機工程學系與靜宜大學資訊工程學系兼任助理教授與自由作家，專注於軟體工程、軟體開發與設計、物件導向程式設計、物聯網系統開發、Arduino開發、嵌入式系統開發。長期投入資訊系統設計與開發、企業應用系統開發、軟體工程、物聯網系統開發、軟硬體技術整合等領域，並持續發表作品及相關專業著作。

Email:prgbruce@gmail.com

Line ID：dr.brucetsao

WeChat：dr_brucetsao

作者網站：https://www.cs.pu.edu.tw/~yctsao/

臉書社群(Arduino.Taiwan)：

https://www.facebook.com/groups/Arduino.Taiwan/

Github 網站：https://github.com/brucetsao/

原始碼網址：https://github.com/brucetsao/QNAP

Youtube：

https://www.youtube.com/channel/UCcYG2yY_u0m1aotcA4hrRgQ

許智誠 (Chih-Cheng Hsu)，美國加州大學洛杉磯分校(UCLA) 資訊工程系博士，曾任職於美國 IBM 等軟體公司多年，現任教於中央大學資訊管理學系專任副教授，主要研究為軟體工程、設計流程與自動化、數位教學、雲端裝置、多層式網頁系統、系統整合、金融資料探勘、Python 建置(金融)資料探勘系統。

Email: khsu@mgt.ncu.edu.tw

作者網頁：http://www.mgt.ncu.edu.tw/~khsu/

蔡英德 (Yin-Te Tsai)，國立清華大學資訊科學系博士，目前是靜宜大學資訊傳播工程學系教授、靜宜大學資訊學院院長，主要研究為演算法設計與分析、生物資訊、軟體開發、視障輔具設計與開發。

Email:yttsai@pu.edu.tw

作者網頁：http://www.csce.pu.edu.tw/people/bio.php?PID=6#personal_writing

參考文獻

Developers, G. (2016, 2017/1/1). Visualization: Gauge. Retrieved from https://developers.google.com/chart/interactive/docs/gallery/gauge

Google_Cloud_Platform. (2018, 2018.12.30). Google Cloud Platform 雲端資源. Retrieved from https://console.developers.google.com/?hl=zh-Tw

Google_Inc. (2018, 2018.12.30). Google Map Platform. Retrieved from https://cloud.google.com/maps-platform/

曹永忠. (2015a). 用 LinkIt ONE 開發版打造綠能智慧插座－手機程式開發工具介紹. Retrieved from http://www.techbang.com/posts/40341-the-first-step-towards-the-internet-of-things-green-energy-smart-plug-cloud

曹永忠. (2015b). 用 LinkIt ONE 開發版打造綠能智慧插座－利用物聯網雲端平台資源開發. Retrieved from http://www.techbang.com/posts/40400-using-linkit-one-developer-to-create-green-energy-smart-plug-cloud-resources

曹永忠. (2015c). 用 LinkIt ONE 開發版打造綠能智慧插座－超詳細硬體安裝篇. Retrieved from http://www.techbang.com/posts/40332-the-first-step-towards-the-internet-of-things-green-energy-smart-sockets

曹永忠. (2016a). AMEBA 透過網路校時 RTC 時鐘模組. Retrieved from http://makerpro.cc/2016/03/using-ameba-to-develop-a-timing-controlling-device-via-internet/

曹永忠. (2016b). 智慧家庭：PM2.5 空氣感測器（感測器篇）. *智慧家庭.* Retrieved from https://vmaker.tw/archives/3812

曹永忠. (2016c). 智慧家庭：PM2.5 空氣感測器（上網篇：啟動網路校時功能）. *智慧家庭.* Retrieved from https://vmaker.tw/archives/7305

曹永忠. (2016d). 智慧家庭：PM2.5 空氣感測器（上網篇：連上 MQTT）. *智慧家庭.* Retrieved from https://vmaker.tw/archives/7490

曹永忠. (2016e). 智慧家庭：PM2.5 空氣感測器（硬體組裝上篇）. *智慧家庭.* Retrieved from https://vmaker.tw/archives/3901

曹永忠. (2016f). 智慧家庭：PM2.5 空氣感測器（硬體組裝下篇）. *智慧家庭.* Retrieved from https://vmaker.tw/archives/3945

曹永忠. (2016g). 智慧家庭：PM2.5 空氣感測器（電路設計上篇）. *智慧家庭.* Retrieved from https://vmaker.tw/archives/4029

曹永忠. (2016h). 智慧家庭：PM2.5 空氣感測器（電路設計下篇）. *智慧家庭.* Retrieved from https://vmaker.tw/archives/4127

曹永忠. (2016i). 智慧家庭：如何安裝各類感測器的函式庫. *智慧家庭.* Retrieved from https://vmaker.tw/archives/3730

曹永忠. (2016j). 智慧家庭：顯示字幕的技術. *智慧家庭.* Retrieved from

https://vmaker.tw/archives/3604

曹永忠. (2017a). 【Tutorial】溫濕度感測模組與大型顯示裝置的整合應用. Retrieved from https://makerpro.cc/2017/11/integration-of-temperature-and-humidity-sensing-module-and-large-display/

曹永忠. (2017b). 如何使用 Linkit 7697 建立智慧溫度監控平台（上）. Retrieved from http://makerpro.cc/2017/07/make-a-smart-temperature-monitor-platform-by-linkit7697-part-one/

曹永忠. (2017c). 如何使用 LinkIt 7697 建立智慧溫度監控平台（下）. Retrieved from http://makerpro.cc/2017/08/make-a-smart-temperature-monitor-platform-by-linkit7697-part-two/

曹永忠. (2018a). 【物聯網開發系列】視覺化位置呈現(Google Map 基本篇). *智慧家庭*. Retrieved from https://vmaker.tw/archives/30656

曹永忠. (2018b). 【物聯網開發系列】視覺化資料呈現(Google Chart 篇). *智慧家庭*. Retrieved from https://vmaker.tw/archives/29327

曹永忠. (2018c). 【物聯網開發系列】雲端主機安裝與設定(NAS 硬體安裝篇). *智慧家庭*. Retrieved from https://vmaker.tw/archives/27589

曹永忠. (2018d). 【物聯網開發系列】雲端主機安裝與設定（NAS 硬體設定篇）. *智慧家庭*. Retrieved from https://vmaker.tw/archives/27755

曹永忠. (2018e). 【物聯網開發系列】雲端主機安裝與設定（資料庫設定篇）. *智慧家庭*. Retrieved from https://vmaker.tw/archives/28209

曹永忠. (2018f). 【物聯網開發系列】雲端主機安裝與設定（網頁主機設定篇）. *智慧家庭*. Retrieved from https://vmaker.tw/archives/28465

曹永忠. (2018g). 【物聯網開發系列】雲端主機資料表建置與權限設定篇. *智慧家庭*. Retrieved from https://vmaker.tw/archives/29281

曹永忠. (2018h). 【物聯網開發系列】感測裝置上傳雲端主機篇. *智慧家庭*. Retrieved from https://vmaker.tw/archives/29327

曹永忠. (2018i). 語音連接技巧大探索-語音播放溫溼度感測資料設計實務. *Circuit Cellar 嵌入式科技*(國際中文版 NO.9), 90-103.

曹永忠, 吳佳駿, 許智誠, & 蔡英德. (2017a). 【物聯網開發系列】雲端平台開發篇：資料庫基礎篇. *智慧家庭*. Retrieved from https://vmaker.tw/archives/18421

曹永忠, 吳佳駿, 許智誠, & 蔡英德. (2017b). 【物聯網開發系列】雲端平台開發篇：資料新增篇. *智慧家庭*. Retrieved from https://vmaker.tw/archives/19114

曹永忠, 許智誠, & 蔡英德. (2015a). *Arduino 云 物联网系统开发(入门篇):Using Arduino Yun to Develop an Application for Internet of Things (Basic Introduction)*(初版 ed.). 台湾、彰化: 渥瑪數位有限公司.

曹永忠, 許智誠, & 蔡英德. (2015b). *Arduino 程式教學(常用模組*

篇):Arduino Programming (37 Sensor Modules)(初版 ed.). 台灣、彰化: 渥玛数位有限公司.

曹永忠, 許智誠, & 蔡英德. (2015c). *Arduino 编程教学(常用模块篇):Arduino Programming (37 Sensor Modules)*(初版 ed.). 台灣、彰化: 渥玛数位有限公司.

曹永忠, 許智誠, & 蔡英德. (2015d). *Arduino 雲 物聯網系統開發(入門篇):Using Arduino Yun to Develop an Application for Internet of Things (Basic Introduction)*(初版 ed.). 台灣、彰化: 渥瑪數位有限公司.

曹永忠, 許智誠, & 蔡英德. (2015e). Maker 物聯網實作：用 DHx 溫濕度感 測 模 組 回 傳 天 氣 溫 溼 度. *物 聯 網*. Retrieved from http://www.techbang.com/posts/26208-the-internet-of-things-daily-life-how-to-know-the-temperature-and-humidity

曹永忠, 許智誠, & 蔡英德. (2015f). 『物聯網』的生活應用實作：用 DS18B20 溫 度 感 測 器 偵 測 天 氣 溫 度. Retrieved from http://www.techbang.com/posts/26208-the-internet-of-things-daily-life-how-to-know-the-temperature-and-humidity

曹永忠, 許智誠, & 蔡英德. (2015g). 邁入『物聯網』的第一步：如何使 用 無 線 傳 輸 ： 基 本 篇. *物 聯 網*. Retrieved from http://www.techbang.com/posts/25459-technology-in-the-future-internet-of-things-business-model-how-to-use-wireless-transmission-the-basic-text

曹永忠, 許智誠, & 蔡英德. (2016a). *Arduino 程式教學(基本語法篇):Arduino Programming (Language & Syntax)*(初版 ed.). 台灣、彰化: 渥瑪數位有限公司.

曹永忠, 許智誠, & 蔡英德. (2016b). *Arduino 程序教学(基本语法篇):Arduino Programming (Language & Syntax)*(初版 ed.). 台灣、彰化: 渥瑪數位有限公司.

曹永忠, 許智誠, & 蔡英德. (2016c). *UP Board 基础篇：An Introduction to UP Board to a Develop IOT Device*(初版 ed.). 台灣、彰化: 渥瑪數位有限公司.

曹永忠, 許智誠, & 蔡英德. (2016d). *UP Board 基礎篇：An Introduction to UP Board to a Develop IOT Device*(初版 ed.). 台灣、彰化: 渥瑪數位有限公司.

曹永忠, 許智誠, & 蔡英德. (2017a). 【物聯網開發系列】溫溼度裝置連線篇：傳 送 溫 溼 度 資 料 到 雲 端. *智 慧 家 庭*. Retrieved from https://vmaker.tw/archives/25613

曹永忠, 許智誠, & 蔡英德. (2017b). 【物聯網開發系列】溫溼度裝置開發 篇 ： 讀 取 溫 溼 度 資 料. *智 慧 家 庭*. Retrieved from https://vmaker.tw/archives/25153

曹永忠, 許智誠, & 蔡英德. (2017c). 【家居物聯網】使用智慧行動裝置監 控 家 居 溫 溼 度 （ 上 篇 ）. *智 慧 家 庭*. Retrieved from https://vmaker.tw/archives/21957

曹永忠, 許智誠, & 蔡英德. (2017d). 【家居物聯網】使用智慧行動裝置監控家居溫溼度（下篇之手機系統開發篇）. *智慧家庭*. Retrieved from https://vmaker.tw/archives/22707

曹永忠, 許智誠, & 蔡英德. (2017e). 【家居物聯網】使用智慧行動裝置監控家居溫溼度（下篇之藍芽開發篇）. *智慧家庭*. Retrieved from https://vmaker.tw/archives/22477

曹永忠, 許智誠, & 蔡英德. (2017f). 【家居物聯網】使用智慧行動裝置監控家居溫溼度（中篇）. *智慧家庭*. Retrieved from https://vmaker.tw/archives/22262

曹永忠, 許智誠, & 蔡英德. (2018a). *云端平台(硬件建置基础篇):The Setting and Configuration of Hardware & Operation System for a Clouding Platform based on QNAP Solution* (初版 ed.). 台湾、彰化: 渥瑪數位有限公司.

曹永忠, 許智誠, & 蔡英德. (2018b). *雲端平台(硬體建置基礎篇): The Setting and Configuration of Hardware & Operation System for a Clouding Platform based on QNAP Solution (Industry 4.0 Series)* (初版 ed.). 台湾、彰化: 渥瑪數位有限公司.

雲端平台 (系統開發基礎篇)
The Tiny Prototyping System Development based on QNAP Solution

作　　者：曹永忠、許智誠、蔡英德

發 行 人：黃振庭

出 版 者：崧燁文化事業有限公司

發 行 者：崧燁文化事業有限公司

E-mail：sonbookservice@gmail.com

粉 絲 頁：https://www.facebook.com/
　　　　　sonbookss/

網　　址：https://sonbook.net/

地　　址：台北市中正區重慶南路一段六十一號八
　　　　　樓 815 室

Rm. 815, 8F., No.61, Sec. 1, Chongqing S. Rd.,
Zhongzheng Dist., Taipei City 100, Taiwan

電　　話：(02) 2370-3310

傳　　真：(02) 2388-1990

印　　刷：京峯彩色印刷有限公司（京峰數位）

律師顧問：廣華律師事務所 張珮琦律師）

國家圖書館出版品預行編目資料

雲端平台 . 系統開發基礎篇 =
The tiny prototyping system
development based on QNAP
solution / 曹永忠 , 許智誠 , 蔡英
德著 . -- 第一版 . -- 臺北市 : 崧燁
文化事業有限公司 , 2022.03
　面；　公分
POD 版
ISBN 978-626-332-095-6(平裝)
1.CST: 雲端運算 2.CST: 作業系統
312.136　111001413

定　　價：260 元

發行日期：2022 年 03 月第一版

◎本書以 POD 印製

官網

臉書